Shabu Shoukat
Parveez Ahmad Para
Reyaz Ahmad Lone

Resíduos de antibióticos veterinários em géneros alimentícios de origem animal

Shabu Shoukat
Parveez Ahmad Para
Reyaz Ahmad Lone

Resíduos de antibióticos veterinários em géneros alimentícios de origem animal

ScienciaScripts

Imprint

Cover image: www.ingimage.com

This book is a translation from the original published under ISBN 978-3-659-52166-9.

Publisher:
Sciencia Scripts
is a trademark of
Dodo Books Indian Ocean Ltd. and OmniScriptum S.R.L publishing group

120 High Road, East Finchley, London, N2 9ED, United Kingdom
Str. Armeneasca 28/1, office 1, Chisinau MD-2012, Republic of Moldova, Europe
Printed at: see last page
ISBN: 978-620-7-68490-8

Conteúdo

Sobre os autores 2
Agradecimentos 3
Prefácio 4
Introdução 5
Resíduos de antibióticos e de medicamentos veterinários 6
O resíduo de antibiótico 8
Fontes 9
Ocorrência em alimentos de origem animal 10
Antibióticos promotores de crescimento em animais destinados à alimentação humana .. 11
Efeitos na saúde: O aparecimento de bactérias resistentes aos medicamentos 12
Estabilidade nos alimentos 16
Efeitos dos resíduos de antibióticos na qualidade da carne 17
Antibióticos detectados sobretudo na carne 18
Opções de controlo 19
Limites máximos de resíduos (LMR) na carne e nos produtos à base de carne 20
LMR de alguns antibióticos: 21
Como são controlados os medicamentos veterinários? 26
Período de retirada pré-abate de alguns aditivos antibióticos para a alimentação animal. 27
Utilização veterinária e resistência aos antibióticos 28
Várias estratégias para conter a resistência antimicrobiana 31
LEI SOBRE SEGURANÇA E NORMAS ALIMENTARES, 2006 33
Tratar ou não tratar? O papel dos veterinários: 36
Métodos de determinação: 38
Conclusões: 41
ELISA 43
Metodologias analíticas de confirmação 52
Referências 53

Sobre os autores

A Dra. Shabu Shoukat nasceu em 1984 em Srinagar, Caxemira, Índia. Fez o seu B.V. Sc na Universidade de Ciências e Tecnologia Agrícolas de Sher-i-Kashmir, Caxemira. Fez o mestrado (M.V. Sc) no prestigiado Indian Veterinary Research Institute Izatnagar Bareilly U.P. e o doutoramento (Ph.D.) na SKUAST-K

O Dr. Parveez Ahmad Para trabalha como Professor Assistente na Divisão de Tecnologia de Produtos Pecuários no Arawali Veterinary College Sikar (RAJUVAS), Rajasthan, desde novembro de 2012. Concluiu o bacharelato em ciências veterinárias na SKAUST (Caxemira) e o mestrado em ciências veterinárias na SKAUST (Jammu). Obteve também o "Certificado de Reconhecimento" pela sua valiosa contribuição ao serviço da comunidade científica como revisor do International Journal of Livestock Research (eISSN 2277-1964) em 2015 e 2016-17. É membro do Conselho Editorial do International Research Journal of India, (IRJI) ISSN No: 2454: 8707. A sua área de especialização é a tecnologia de produtos pecuários e o interesse de investigação em alimentos funcionais e de design, antioxidantes naturais, desenvolvimento de produtos / processamento de produtos pecuários, controlo de qualidade de produtos pecuários e avaliação sensorial de produtos pecuários. Publicou mais de trinta (30) trabalhos de investigação, cinquenta e oito (58) revisões e artigos populares em revistas nacionais e internacionais.

O Dr. Reyaz Ahmad Lone é doutorado em Biotecnologia pelo Departamento de Biotecnologia da Universidade de Periyar, Salem, Tamil Nadu, Índia.

Agradecimentos

"Em nome do Senhor Todo-Poderoso, o Mais Gracioso, o Mais Benéfico e o Mais Misericordioso"

Gostaríamos de agradecer a ajuda de muitos dos nossos colegas que nos deram conselhos e leram secções do texto. É um prazer registar a nossa profunda gratidão aos seguintes senhores:- Dr. Tahir, Dr. S Ganguly, Dr. Nisar, Dr. Shujaat, Dr. Sunil Kumar e Dr. Waseem H Raja pelo seu estímulo intelectual, sugestões prudentes e valiosas.

Shabu Showkat Parveez Ahmad Para

Reyaz Ahmad Lone

Prefácio

O autor sente-se feliz por lançar a primeira edição deste livro "Resíduos de antibióticos veterinários em alimentos de origem animal". A maior consciencialização dos consumidores para a crescente quimificação dos alimentos de origem animal representa um desafio para a indústria da carne, dos alimentos e das aves de capoeira. Um grande número de antibióticos é utilizado, direta ou indiretamente, durante a produção, transformação e armazenamento de alimentos de origem animal. A taxa de urbanização e industrialização está a aumentar de dia para dia na Índia e em todo o mundo, conduzindo a um aumento da poluição ambiental e, em conjunto com ela, a utilização inadequada de medicamentos veterinários pode induzir a presença de resíduos nos produtos alimentares, o que pode constituir uma grande ameaça para a saúde pública.

Introdução

O termo "antibióticos" é atualmente utilizado para descrever uma vasta e diversificada gama de compostos químicos que destroem ou limitam o crescimento de microrganismos. Os antibióticos podem ter atividade contra bactérias, fungos ou protozoários, embora não contra vírus, e são amplamente utilizados como medicamentos veterinários em animais de alimentação pela indústria agrícola. Existem muitas classes de compostos com propriedades antibióticas, mas alguns dos principais grupos utilizados são os β-lactâmicos (incluindo as penicilinas), os macrólidos, os ionóforos, as quinolonas, as lincosamidas e as tetraciclinas.

A história remonta à utilização da penicilina em grandes quantidades durante a Segunda Guerra Mundial. As últimas fases da guerra levaram à utilização de preparações de penicilina liofilizada que foram disponibilizadas aos veterinários. Esta penicilina liofilizada era reconstituída com soro fisiológico para utilização em animais. A utilização em larga escala da penicilina no tratamento da mastite e a sua afetividade noutras doenças dos animais leiteiros foi um desenvolvimento significativo. A estreptomicina foi rapidamente considerada muito útil como promotor de crescimento e começou aí o conceito de utilização de antibióticos como promotores de crescimento. Com a descida do custo dos antibióticos, as suas utilizações tornaram-se mais práticas. A criação em confinamento aumentou a transmissão de agentes infecciosos e proporcionou oportunidades para avaliar o tratamento de um grande número de animais em risco, em especial os animais jovens, recém-desmamados ou sujeitos a grande stress. A nova descoberta trouxe consigo também desvantagens e surgiu o problema dos resíduos de antibióticos.

Os medicamentos, como os antibióticos e as hormonas, têm sido amplamente utilizados no tratamento de doenças dos animais. Dado que são necessários mais antibióticos para prevenir várias doenças que ocorrem, não só em animais domésticos, mas também em animais importados, é necessário um método analítico rápido e robusto para a deteção de resíduos de antibióticos. Esta utilização generalizada de antibióticos pode causar resíduos em produtos alimentares, bem como a indução de reacções alérgicas nos seres humanos.

Resíduos de antibióticos e medicamentos veterinários

A nível mundial, estima-se que 50% de todos os antimicrobianos têm fins veterinários. Atualmente, foram descobertos mais de 40 000 tipos de antibióticos, 80 dos quais são utilizados nas indústrias agrícola e das pescas. As bactérias que inevitavelmente desenvolvem resistência aos antibióticos nos animais incluem agentes patogénicos de origem alimentar, agentes patogénicos oportunistas e bactérias comensais. Os mesmos genes de resistência aos antibióticos e os mesmos mecanismos de transferência de genes podem ser encontrados nas microflora dos animais e dos seres humanos. O contacto direto, os alimentos e a água ligam os habitats animais e humanos. Está documentada a acumulação de bactérias resistentes devido à utilização de antibióticos na agricultura e na medicina veterinária e a propagação dessas bactérias através da agricultura e da contaminação direta. "A principal razão pela qual os animais são mantidos e criados é para benefício da humanidade. A ciência veterinária é utilizada, à semelhança da ciência médica para os seres humanos, para melhorar a saúde e o bem-estar dos animais, mas também para a proteção do consumidor, por exemplo, proteção contra a transferência de parasitas dos animais para os seres humanos. Neste processo, são utilizados medicamentos ou fármacos veterinários, especialmente pelas seguintes razões

- para diagnóstico, tratamento, alívio da dor, modificação ou prevenção de doenças e/ou outras condições físicas prejudiciais à saúde
- para melhorar o crescimento ou a produção
- para melhorar o rendimento, a qualidade e a segurança dos produtos derivados de animais
- para corrigir ou modificar o comportamento

Os diferentes tipos de medicamentos veterinários utilizados são:

- Antibióticos
- Pesticidas
- Anti-helmínticos (produtos para desparasitação)
- Vacinas
- Insecticidas
- Outros grupos de medicamentos

Entre estes, a administração de antibióticos é a preocupação do momento devido à maior consciencialização dos consumidores. Os antibióticos podem ser administrados a animais destinados à alimentação humana por duas razões. Podem ser utilizados, em doses relativamente elevadas, como agentes terapêuticos para tratar infecções clínicas, ou podem ser administrados em doses baixas, subterapêuticas, como "promotores de crescimento". A utilização de antibióticos promotores de crescimento na pecuária intensiva tem-se revelado um meio eficaz de aumentar a taxa de crescimento dos animais destinados à alimentação e de melhorar a qualidade da carne através do aumento do teor de proteínas. Não é inteiramente claro como se consegue este efeito, mas parece provável que os antibióticos promotores de crescimento nos alimentos para animais suprimam algumas das bactérias do intestino e permitam que mais energia dos alimentos seja desviada para o crescimento do animal. Um outro benefício dos antibióticos promotores de crescimento é, alegadamente, a melhoria do controlo das doenças causadas por agentes patogénicos bacterianos, incluindo Salmonella e Campylobacter, em animais criados em regime intensivo.

A utilização de antibióticos em animais destinados à alimentação humana tem implicações directas e indirectas na segurança alimentar. Alguns antibióticos e os seus metabolitos podem ser tóxicos para os seres humanos ou causar reacções graves em indivíduos sensíveis (por exemplo, as penicilinas). Por conseguinte, os resíduos de antibióticos e dos seus metabolitos na carne, no leite e noutros produtos de origem animal podem constituir um risco direto para a saúde humana. No entanto, muitos peritos consideram atualmente que o desenvolvimento da resistência aos antibióticos em bactérias patogénicas que podem causar doenças nos animais e nos seres humanos (zoonoses) constitui uma ameaça potencial muito mais grave para a saúde humana, e pensa-se que a utilização de antibióticos promotores de crescimento contribuiu para os aumentos registados na prevalência da resistência aos antibióticos. O sector agrícola é um consumidor significativo de antibióticos e estima-se que 60-80% dos antibióticos produzidos nos Estados Unidos são administrados nos alimentos para animais saudáveis em níveis não terapêuticos. Muitos destes antibióticos estão estreitamente relacionados com compostos que são administrados a seres humanos em contextos clínicos, e incluem tetraciclinas, macrólidos, estreptograminas e fluoroquinolonas.

O resíduo de antibiótico

Os resíduos de antibióticos são pequenas quantidades de restos de antibióticos ou dos seus produtos de degradação (denominados metabolitos) que estão presentes num produto agrícola ou animal após o tratamento com esse antibiótico. Os antibióticos actuam como promotores de crescimento, mas podem contribuir para uma maior exposição humana aos antibióticos, para o desenvolvimento de agentes patogénicos com resistência aos antibióticos e para o aumento das alergias devido à sua presença nos alimentos. De facto, a presença de antibióticos residuais nos alimentos de origem animal constitui um risco importante para a saúde devido ao aumento da resistência microbiana detectado nos últimos anos. Além disso, a presença de quantidades residuais de antibióticos coloca dificuldades importantes aos transformadores de alimentos no que respeita à extensão e ao controlo da fermentação dos alimentos. É evidente que existem benefícios importantes para o agricultor quando utiliza estas substâncias ilegais, que consistem principalmente num aumento do rendimento da conversão alimentar e num aumento da carne magra com menos gordura. Mas também é evidente que existem prejuízos importantes para a indústria transformadora, como a diminuição da qualidade dos produtos e problemas na fermentação, e prejuízos muito importantes para os consumidores, não só pela pior qualidade ou pelo maior teor de água, mas também pela presença de resíduos e pelos efeitos nocivos para a saúde humana que lhes estão associados. Por todas estas razões, existe um interesse evidente, tanto por parte dos organismos oficiais como da indústria alimentar, em controlar a presença destas substâncias nas explorações agrícolas e nos alimentos de origem animal.

Fontes

Pensa-se atualmente que todos os resíduos de antibióticos encontrados nos alimentos estão presentes como resultado da sua administração aos animais por razões terapêuticas ou como promotores de crescimento. Existem poucas ou nenhumas provas que apoiem as sugestões de que alguns antibióticos, como o cloranfenicol, podem ser produzidos naturalmente por ação microbiana no solo.

Ocorrência em alimentos de origem animal

Os resíduos de antibióticos são mais susceptíveis de serem encontrados em alimentos de origem animal, tais como carne, aves de capoeira, peixe, ovos e mel. Estão normalmente presentes como resultado da utilização de medicamentos veterinários terapêuticos para controlar infecções e doenças em animais de alimentação. Os antibióticos são frequentemente utilizados para tratar a mastite nas vacas, pelo que podem estar presentes resíduos de antibióticos no leite. Os resíduos de antibióticos no leite podem colocar problemas significativos à indústria dos lacticínios, uma vez que muitos dos antibióticos utilizados podem inibir as culturas de arranque utilizadas na produção de queijo e iogurte.

É pouco provável que a utilização de antibióticos promotores de crescimento em animais dê origem a resíduos detectáveis na carne e noutros produtos de origem animal, a menos que tenham sido administrados a níveis muito superiores aos permitidos.

A utilização de medicamentos veterinários para uso terapêutico está altamente regulamentada na UE e nos EUA, e só são permitidos determinados medicamentos que tenham cumprido requisitos de segurança rigorosos. No entanto, podem por vezes ser encontrados resíduos de antibióticos não autorizados para uso alimentar em certos alimentos. Um exemplo disto é a deteção ocasional de resíduos de cloranfenicol no mel importado da China. Suspeita-se que o cloranfenicol esteja envolvido numa forma de anemia nos seres humanos e a sua utilização em animais de alimentação está proibida em todo o mundo. Os nitrofuranos também estão proibidos de serem utilizados em alimentos na maior parte do mundo, mas têm sido regularmente detectados em aves de capoeira e crustáceos de viveiro importados da Ásia Oriental e da América do Sul.

Antibióticos promotores de crescimento em animais destinados à alimentação humana

- Melhorar a qualidade do produto de carne, com um baixo teor de gordura e um maior teor de proteínas na carne
- Controlo das doenças crónicas
- Ajudam os animais em crescimento a digerir os alimentos de forma mais eficiente, a tirar o máximo partido dos mesmos e a permitir que se desenvolvam e se tornem indivíduos fortes e saudáveis". (De acordo com o Gabinete Nacional de Saúde Animal (NOAH, 2001)
- Antibióticos utilizados atualmente - monensina, salinomicina, destomicina, bacitracina, kitasamicina, enramicina.

É difícil estimar a atual ingestão alimentar de resíduos de antibióticos provenientes de produtos de origem animal, mas é provável que seja muito baixa.

Efeitos na saúde: O aparecimento de bactérias resistentes aos medicamentos

A maioria dos antibióticos autorizados utilizados não são considerados como apresentando um risco para a saúde humana nos níveis susceptíveis de serem encontrados na carne, peixe, leite ou ovos. No entanto, existem ainda algumas preocupações relativamente à possível presença de penicilina e seus derivados. Alguns indivíduos são sensíveis às penicilinas e apresentam uma resposta imuno-patogénica que pode ser fatal. Este facto torna essencial que os limites máximos de resíduos (LMR) para estas classes de medicamentos sejam rigorosamente respeitados. Além disso, alguns indivíduos hipersensíveis podem desenvolver uma reação a níveis baixos de tetraciclinas, também utilizadas em medicina veterinária.

Muito mais preocupante é o possível papel dos antibióticos promotores de crescimento no desenvolvimento da resistência aos antibióticos em agentes patogénicos bacterianos zoonóticos. Existem agora provas consideráveis de que a utilização de antibióticos de importância médica como promotores de crescimento em animais destinados à alimentação humana pode ter contribuído significativamente para um aumento da resistência aos antibióticos em várias espécies bacterianas patogénicas que causam infecções zoonóticas, nomeadamente os serótipos de *Salmonella enterica, Campylobacter jejuni, Escherichia coli* e enterococos. Por exemplo, *a Salmonella Typhimurium* tipo de fago definitivo (DT) 104 é uma estirpe isolada pela primeira vez no Reino Unido em 1988. Nessa altura, já apresentava resistência à ampicilina, à tetraciclina e a outros antibióticos, mas desde 1988 espalhou-se por todo o mundo e é frequentemente isolada de animais destinados à alimentação. Muitos isolados são agora resistentes a outros antibióticos, incluindo as fluoroquinolonas, algumas das quais têm sido utilizadas como factores de crescimento. As infecções humanas causadas por estas bactérias têm atualmente opções de tratamento muito limitadas. A prevalência de Campylobacter resistentes às fluoroquinolonas nas aves de capoeira também está a aumentar, especialmente em países que permitem a utilização destes antibióticos como promotores de crescimento. A resistência antimicrobiana (RAM) nos hospitais e na comunidade constitui um problema de saúde pública (Moellering, 2007), especialmente nos países em desenvolvimento. A flora fecal e os comensais do trato respiratório superior constituem o reservatório de genes resistentes.

O aumento das viagens e da circulação de géneros alimentícios constitui um risco para a propagação de genes resistentes. Chugh (2008) analisou a situação global da resistência antimicrobiana em vários agentes patogénicos. Woodford (2007) identificou a existência de clones multi-resistentes de agentes patogénicos comuns. *O Staphylococcus aureus* é um agente patogénico humano devastador e é o "Ghengis Khan moderno" (Chugh, 2007). É atualmente o agente patogénico resistente aos medicamentos mais frequentemente identificado. A prevalência de *S. aureus* resistente à meticilina (MRSA) tem vindo a aumentar e varia consoante os hospitais da Índia. Mais recentemente, foram registados surtos de MRSA adquiridos na comunidade. O aparecimento de *S. aureus* resistente à vancomicina intermédia (VISA), de *S. aureus* resistente à vancomicina (VRSA) e de enterococos resistentes à vancomicina (VRE) levou ao fracasso clínico dos glicopeptídeos. A utilidade da penicilina no tratamento da gonorreia está cada vez mais comprometida devido ao aparecimento de gonococos produtores de penicilinase (PPNG) e de resistência mediada por cromossomas (CMRNG).

Na Índia, a informação é incompleta. Balaet *al* (2007) analisaram a evolução do padrão de RAM da *N. gonorrhoea* e a emergência de estirpes menos susceptíveis à ceftriaxona. No entanto, até à data, não foram comunicadas falhas de tratamento com ceftriaxona parentérica, embora sejam necessárias doses mais elevadas. Os meningococos têm causado repetidamente surtos e a doença é endémica em Deli, Haryana, Uttar Pradesh, Rajasthan, Chandigarh, Jammu e Caxemira e Bengala Ocidental. O serogrupo A tem sido o agente causador na maioria dos casos. Tem uma mortalidade de 10% e outros 11-19% desenvolvem sequelas. O organismo desenvolveu resistência às sulfonamidas durante as décadas de 1950 e 1960. Foi registada uma suscetibilidade reduzida à penicilina (CIM >0,25 mg/l) devido à alteração da PBP2 e à produção de β-lactamase mediada por plasmídeos, com consequentes falhas no tratamento e taxas mais elevadas de complicações. Manchanda e Bhalla (2006) analisaram o estado atual da RAM em *N. meningitides* na Índia e comunicaram o aparecimento de 6 isolados clínicos de *N. meningitidis* do grupo Anonsusceptible à cefotaxima e à ceftriaxona associados a insucesso terapêutico. A resistência à sulfadiazina foi registada num surto em Deli em 1985-6. Um estudo de 96 casos positivos de cultura do Punjab registou todos os isolados sensíveis à penicilina, ao cloranfenicol, à ampicilina e à sulfadiazina. Num surto recente ocorrido em Deli no início de 2005, todos os isolados eram sensíveis à penicilina, à ampicilina, à rifampicina e à ceftriaxona. No entanto, todos eram resistentes ao cotrimoxazol e dois terços não eram susceptíveis à ciprofloxacina. Singhalet *al* (2007) registaram meningococos resistentes à ciprofloxacina num surto em Deli.

A febre entérica é endémica na Índia. É subdiagnosticada devido à falta de instalações de cultura e à fraca sensibilidade e especificidade do teste de Widal. A resistência da *Salmonella typhi* e da *S.*

paratyphi A ao cloranfenicol, à ampicilina e ao cotrimoxazol está generalizada. A resistência de baixo nível à fluorquinolona é atualmente comum e conduz a falhas no tratamento e a uma maior incidência de recaídas. Rodrigues *et al* (2003) analisaram a situação atual do problema na Índia. A crescente RAM nos isolados de Shigella é preocupante, uma vez que a resistência à azitromicina, à ceftriaxona e à ciprofloxacina tem vindo a aumentar. O aparecimento e a elevada prevalência de β-actamases de espetro alargado, de Amp C β-lactamases e de carbapenemases nos hospitais e na comunidade em bactérias entéricas e não fermentadoras é motivo de preocupação. Estas propagaram-se aos seres humanos, aos animais produtores de alimentos e aos animais domésticos (Rahman *et al* 2007).

A deteção de O157:H7 potencialmente patogénico na água dos rios é alarmante. Alguns antibióticos aumentam a produção de toxinas EHEC e induzem fagos de toxinas vero que aumentam a estabilidade ambiental e, por conseguinte, são mais viáveis e prontos a infetar o homem. A utilização potencial do bacilo do carbúnculo no bioterrorismo é uma preocupação genuína. Foram produzidas in vitro estirpes virulentas de bacilos do carbúnculo resistentes à penicilina, que são atualmente observadas também na prática clínica.

A incidência de infecções humanas causadas por estes agentes patogénicos está a aumentar, especialmente nos países ocidentais. Os países em desenvolvimento, como a Índia, precisam de fazer mais análises de risco e enumerar o perigo que os espreita.

Os seres humanos, os animais e a adaptabilidade microbiana conduziram ao reaparecimento destas doenças. A importância das zoonoses na emergência de infecções humanas não pode ser sobrestimada. Cerca de 61% dos agentes patogénicos microbianos humanos e 73% dos agentes patogénicos humanos emergentes identificados durante as duas últimas décadas são zoonóticos. Os antropólogos médicos identificaram as alterações antropogénicas na utilização dos solos e na agricultura, a suburbanização, a destruição dos habitats, o aumento da procura de proteínas animais, a utilização de carne de animais selvagens, o transporte de animais vivos e a domesticação de animais há cerca de 10000 anos, bem como o comércio de animais de estimação exóticos, como os principais canais de transmissão de doenças zoonóticas. Esta transmissão pode ser bidirecional, com confirmações de tipo molecular observadas na tuberculose bovina e humana. Embora pouco documentada, a zoonose é um importante problema de saúde pública na Índia. As doenças zoonóticas assumem uma grande importância em termos de saúde pública, uma vez que aproximadamente 80% da população da Índia vive em contacto estreito com animais domésticos e aves de capoeira, existindo também uma abundância de vectores. O controlo da doença exige a coordenação entre os departamentos de saúde pública, de agricultura e de criação de animais e a indústria.

As doenças microbianas de origem alimentar são responsáveis por 20 milhões de casos por ano no mundo e a sua incidência está a aumentar. Quase metade de todos os agentes patogénicos de origem alimentar conhecidos foram descobertos nos últimos 25 anos. A carne de vaca moída é o veículo mais comum para a sua transmissão, mas pode ocorrer em comunidades vegetarianas e que não consomem carne de vaca, através da exposição a frutos, legumes ou água contaminados por fezes de bovinos ou de humanos infectados.

A relevância mais direta para a saúde humana reside na possibilidade de os agentes patogénicos resistentes dos animais chegarem aos seres humanos. Uma questão relacionada, mas raramente considerada, tem sido a de saber se a utilização de antibióticos reduz a ameaça de transmissão zoonótica de agentes patogénicos animais. Podem ser abordadas duas questões principais. Será que a utilização oral de antibióticos aumenta a quantidade de algumas bactérias no intestino do animal visado e será que este facto influencia a ameaça de tais organismos no abastecimento alimentar? Em segundo lugar, a utilização de antibióticos em animais, tanto a nível terapêutico como profilático, gera resistência em muitos agentes patogénicos zoonóticos, o que influencia significativamente o controlo das doenças bacterianas nos seres humanos? A prevalência crescente da resistência aos antibióticos em agentes patogénicos zoonóticos é agora um problema global e muitos peritos consideram que a prática de utilizar antibióticos promotores de crescimento em animais destinados à alimentação humana deve ser proibida em todo o mundo, tal como acontece na União Europeia. Receia-se que, se não forem tomadas medidas, os antibióticos deixem em breve de ser eficazes como tratamento para muitas infecções bacterianas em animais e seres humanos.

Estabilidade em alimentos

Foram realizados muitos estudos para investigar os efeitos da transformação na estabilidade dos resíduos de antibióticos nos alimentos, com resultados muito variáveis que reflectem a vasta gama de compostos químicos em causa. Por exemplo, sabe-se que as penicilinas e as tetraciclinas são sensíveis ao calor e podem degradar-se durante os processos de cozedura ou de enlatamento, embora o grau de degradação seja variável e dependa frequentemente da natureza dos alimentos que contêm os resíduos. Além disso, as implicações deste facto para a segurança alimentar são incertas, uma vez que a natureza dos produtos de degradação é desconhecida na maioria dos casos. É possível que alguns produtos de degradação possam ser mais tóxicos do que o antibiótico do qual derivam.

A presença de resíduos de antibióticos na carne deve-se à utilização subterapêutica de antibióticos como promotores de crescimento, à utilização excessiva e ilegal, à preparação/rotulagem incorrecta dos alimentos para animais, à não observância do intervalo de segurança dos antibióticos e ao facto de os animais gravemente doentes demorarem mais tempo a eliminar os antibióticos.

Efeitos dos resíduos de antibióticos na qualidade da carne

Os promotores de crescimento exercem alguns efeitos na qualidade da carne, geralmente no sentido de uma qualidade inferior. Um aumento da produção de tecido conjuntivo e da reticulação do colagénio devido à redução da degradação das proteínas permite mais tempo para as moléculas de colagénio se reticularem e, assim, aumentar a dureza da carne. Além disso, as proteases musculares são inibidas pela presença de algumas destas substâncias. Por exemplo, as calpaínas são inibidas pelos b-agonistas, mas a síntese proteica é aumentada. A fragmentação das proteínas miofibrilares também é reduzida nos animais tratados com agonistas. O resultado é uma redução substancial da sensibilidade. Por outro lado, a taxa de lipólise é aumentada pela ativação da lipase sensível à hormona e, em seguida, pela degradação dos triacilgliceróis. Assim, a quantidade de gordura é substancialmente reduzida, com a consequente perda de suculência e um pior desenvolvimento do sabor. Algumas substâncias, como os tiouracilos, produzem uma retenção notável de água que é subitamente perdida aquando da cozedura da carne. O resultado é uma carne mais dura e pouco suculenta. Mas o que é mais importante, a maioria destas substâncias presentes em quantidades residuais nos alimentos de origem animal podem ter alguns efeitos tóxicos importantes. Algumas delas podem exercer efeitos genotóxicos, imunotóxicos, carcinogénicos ou orendócrinos nos consumidores, constituindo um risco importante para a saúde que deve ser controlado. Assim, a presença destes resíduos deve ser monitorizada nos alimentos de origem animal.

Antibiótico detectado principalmente na carne

- Penicilina (incluindo ampicilina)
- Tetraciclina (incluindo clortetraciclina e oxitetraciclina)
- Sulfonamidas (incluindo sulfadimetoxina, sulfametazina e sulfametoxazol)
- Neomicina
- Gentamicina
- Estreptomicina

Opções de controlo

Os benefícios económicos dos medicamentos veterinários fazem com que a sua utilização seja uma prática generalizada nos animais destinados à produção de alimentos. Esta prática pode constituir um risco para a saúde do consumidor, uma vez que a utilização incorrecta de medicamentos farmacologicamente activos provoca a permanência de resíduos em partes comestíveis. Os controlos actuais prestam atenção à "segurança toxicológica", bem como à "segurança tecnológica". A disponibilidade de métodos mais sensíveis torna agora possível um controlo mais realista; os requisitos de tolerância zero (ou seja, "zero analítico") para todos os inibidores foram ultrapassados pela introdução de limites máximos de resíduos (LMR) específicos. O controlo dos resíduos de antibióticos nos alimentos está centrado na regulamentação rigorosa dos medicamentos veterinários administrados aos animais destinados à alimentação humana.

Para salvaguardar a saúde humana, podem ser determinados LMR na altura do abate para os medicamentos veterinários, a fim de estabelecer limites admissíveis para os resíduos de antibióticos nos alimentos. Os limites dependem da toxicidade do medicamento em causa. O estabelecimento de um LMR exige também a definição de um intervalo mínimo de segurança. Este é o tempo que decorre entre a última dose administrada ao animal e o momento em que o nível de resíduos nos tecidos, leite ou ovos é inferior ou igual ao LMR. Nem o animal nem os seus produtos podem ser utilizados para consumo humano enquanto não tiver decorrido o intervalo de segurança. O intervalo de segurança é indicado na ficha técnica do medicamento e nas instruções de embalagem do produto. Na UE, apenas os medicamentos com LMR estabelecidos são autorizados para utilização em animais destinados à alimentação humana. Os LMR são estabelecidos com margens de segurança muito grandes. Por exemplo, o cálculo do valor do LMR baseia-se na dose diária admissível (DDA) para o medicamento em causa. O cálculo da DDA inclui um fator de segurança extremamente elevado, e o cálculo do LMR pressupõe uma ingestão diária média de 500 g de carne, 1,5 litros de leite, 2 ovos e 20 g de mel.

Limites máximos de resíduos (LMR) na carne e nos produtos à base de carne

- O Limite Máximo de Resíduos (LMR) é a concentração máxima de resíduos num produto (carne) considerada pelas autoridades como sem perigo sanitário para o consumidor e sem efeito nos processos de fabrico.
- Os LMR são específicos para espécies e tecidos
- Os resíduos de antibióticos são mais elevados nos tecidos do fígado e dos rins do que nos tecidos musculares (JECFA, 1990)
- NORMAS ALIMENTARES FAO/WHO

LMR de alguns antibióticos:

Benzilpenicilina/Procaína benzilpenicilina

Espécies	Tecido	LMR (µg/kg)
Gado	Fígado	50
	Rim	50
	Músculo	50
Porco	Rim	50
	Músculo	50
	Fígado	50
Frango	Rim	50 (**Aplicável apenas à procaína benzil penicilina**)
	Músculo	50 (-do-)
	Fígado	50 (-do-)

Ceftiofur

Espécies	Tecido	LMR (µg/kg)
Gado	Fígado	2000
	Rim	6000
	Músculo	1000
	Gordura	2000
Porco	Fígado	2000
	Rim	6000
	Músculo	1000
	Gordura	2000

Clortetraciclina/Oxitetraciclina/Tetraciclina

Espécies	Tecido	LMR (µg/kg)
Gado	Fígado	600
	Rim	1200
	Músculo	200
	Leite(/l)	100
Porco	Fígado	600
	Rim	1200

	Músculo	200
Ovinos	Leite(/l)	100
	Músculo	200
	Rim	1200
	Fígado	600
Aves de capoeira	Ovos	400
	Rim	1200
	Fígado	600
	Músculo	200
Peixe	Músculo	200 (Aplicável apenas à oxitetraciclina)

Lincomicina

Espécies	**Tecido**	**LMR (μg/kg)**
Gado	Leite (/l)	150
Porco	Fígado	500
	Rim	1500
	Músculo	200
	Gordura	100 (LMR adicional para pele com gordura aderente de 300 μg/Kg)
Frango	Músculo	200
	Fígado	500
	Rim	500
	Gordura	100 (LMR adicional para pele com gordura aderente de 300 μg/Kg)

Neomicina

Espécies	Tecido	LMR (μg/kg)
Gado	Fígado	500
	Rim	10,000
	Músculo	500

	Gordura	500
Porco	Fígado	500
	Rim	10000
	Músculo	500
	Gordura	500
Ovinos	Fígado	500
	Rim	10000
	Músculo	500
	Gordura	500
Cabra	Fígado	500
	Rim	10000
	Músculo	500
	Gordura	500
Frango	Fígado	500
	Rim	10000
	Músculo	500
	Gordura	500

Tilmicosina

Espécies	**Tecido**	**LMR (µg/kg)**
Gado	Fígado	1000
	Rim	300
	Músculo	100
	Gordura	100
Porco	Fígado	1500
	Rim	1000
	Músculo	100
	Gordura	500
Ovinos	Fígado	1000
	Rim	300
	Músculo	100
	Gordura	100

Danofloxacina

Espécies	Tecido	LMR (µg/kg)
Gado	Fígado	400
	Rim	400
	Músculo	200
	Gordura	100
Porco	Fígado	50
	Rim	200
	Músculo	100
	Gordura	100
Frango	Fígado	400
	Rim	400
	Músculo	200
	Gordura	100 (Gordura/pele em proporção normal)

Espectinomicina

Espécies	Tecido	LMR (µg/kg)
Gado	Fígado	2000
	Gordura	2000
	Músculo	500
	Leite(/l)	200
	Rim	5000
Porco	Fígado	2000
	Rim	5000
	Músculo	500
	Gordura	2000
Ovinos	Músculo	500
	Rim	5000
	Fígado	2000
	Gordura	2000
Aves de capoeira	Gordura	2000
	Rim	5000
	Fígado	2000

	Músculo	500
	Ovos	2000

Como são controlados os medicamentos veterinários?

A preocupação dos consumidores com a disponibilidade e a utilização de medicamentos veterinários em animais é justificada e importante. No entanto, qualquer perigo potencial para a saúde humana devido à utilização de medicamentos em animais deve ser cientificamente examinado através de uma análise exaustiva do risco/benefício de cada medicamento. Por outras palavras, qual será o efeito na saúde humana se estes medicamentos não forem utilizados? Os consumidores querem ter a certeza da segurança dos medicamentos veterinários e de que existem medidas de controlo. Os medicamentos veterinários são cientificamente investigados e formulados para serem eficazes, benéficos para o animal e seguros, tanto para o animal como para o consumidor, quando são respeitados os níveis de dosagem e os intervalos de segurança prescritos.

Intervalo de segurança pré-abate de alguns aditivos antibióticos para a alimentação animal

- Apramicina28 dias
- Carbadox42 dias
- Lincomicina6 dias
- Oxitetraciclina5 dias
- Sulfametazina15 dias
- Sulfatiozol7 dias
- Tiamulina7 dias

Utilização veterinária e resistência aos antibióticos

<u>Os resíduos de antibióticos nos alimentos podem levar à resistência aos antibióticos</u>? Uma das conclusões do Joint Expert Technical Advisory Committee on Antibiotic Resistance (JETACAR) foi que era altamente improvável que o consumo de resíduos de antibióticos nos alimentos levasse ao desenvolvimento de resistência. Isto porque os níveis de resíduos de antibióticos nos alimentos são muito baixos e são susceptíveis de serem ainda mais reduzidos pela cozedura e por outros processos de transformação dos alimentos, bem como pelo metabolismo no intestino. Nesta base, é muito improvável que seja atingida uma dose suficientemente elevada para inibir as bactérias sensíveis e, assim, encorajar o crescimento de bactérias resistentes...!

O desenvolvimento da resistência aos antibióticos nas bactérias tem sido atribuído à utilização de antimicrobianos na medicina humana. As contribuições da medicina veterinária e da agricultura para a resistência aos antibióticos estão ainda a ser discutidas. A utilização veterinária de antibióticos inclui a utilização em animais de companhia, animais de criação e animais criados em aquacultura. No caso dos animais de criação, os antibióticos são utilizados na terapêutica e na profilaxia, bem como para aumentar o crescimento e a eficiência alimentar. As principais doenças infecciosas tratadas são as infecções entéricas e pulmonares, os abcessos da pele e dos órgãos e a mastite. Os antibióticos utilizados tanto na medicina veterinária como na medicina humana são: penicilinas, cefalosporinas, tetraciclinas, cloranfenicóis, aminoglicosídeos, espectinomicina, lincosamida, macrólidos, nitrofuranos, nitroimidazóis, sulfonamidas, trimetoprim, polimixinas e quinolonas. Dos mais de 1 milhão de toneladas de antibióticos libertados na biosfera durante os últimos 50 anos, estima-se que cerca de 50% tenham sido canalizados para os canais veterinários e agrícolas. A aplicação de antibióticos a níveis subterapêuticos para aumentar o crescimento e a eficiência alimentar dos animais de criação (suínos, bovinos, perus e frangos), uma parte integrante da agricultura moderna a nível mundial, é altamente controversa. Os seguintes antibióticos estão aprovados para estes dois fins nos EUA: ampicilina, ácido arsenílico, bacitracina, bambermicina, clortetraciclina, diidroestreptomicina, efrotomicina, lacalocida, monensina, oleandomicina, penicilina, roxarsona, espectinomicina, tilosina e virginiamicina.

O principal livro sobre terapia antimicrobiana em medicina veterinária propõe que a maior pressão de seleção da resistência aos antibióticos ocorre no processamento de vitelos, suínos e aves de capoeira. Identifica a prevalência da resistência aos medicamentos antimicrobianos em agentes patogénicos veterinários, sobre a qual existem apenas dados fragmentados e desequilibrados, como uma das áreas em que existe uma nítida falta de conhecimento. O manual afirma igualmente que o aumento do controlo da utilização de antibióticos na agricultura pode exigir alterações consideráveis na gestão dos animais destinados à alimentação humana que são transformados em condições intensivas concebidas para serem altamente produtivas. Estudos de vigilância revelaram um aumento da incidência de desenvolvimento de resistência em bactérias patogénicas e comensais de animais. Além disso, foi demonstrado que as bactérias fitopatogénicas se tornam resistentes aos antibióticos utilizados nos pomares, um problema agrícola de importância crescente fora do domínio veterinário. As consequências médicas dos antibióticos na agricultura foram propostas como sendo o fim do caminho da rede ecológica de resistência: a agricultura e a utilização veterinária contribuem para a pressão selectiva, os reservatórios de resistência e as vias de transmissão. A morte de dois pacientes devido a *Salmonella typhimurium* DT104 resistente adquirida a partir de carne de porco na Dinamarca é um exemplo de um incidente triste, embora provavelmente raro. As minhas principais preocupações como microbiologista alimentar são a transferência e as consequências de agentes patogénicos resistentes aos antibióticos e de bactérias comensais para a população humana. As vias potenciais são múltiplas. Esta revisão documentará: em primeiro lugar, a acumulação de bactérias resistentes através da utilização de antibióticos na agricultura e na medicina veterinária; em segundo lugar, a propagação de bactérias resistentes da agricultura através, por exemplo, do estrume para a água e o solo do ambiente circundante; e em terceiro lugar, a contaminação direta dos consumidores e dos seus sistemas digestivos com alimentos que contêm bactérias resistentes, incluindo agentes patogénicos de origem agrícola.

Nos últimos anos, tem-se verificado uma preocupação crescente com o facto de a utilização de antibióticos em animais destinados à produção de alimentos, em especial a sua utilização a longo prazo para promover o crescimento, contribuir para o aparecimento de bactérias resistentes aos antibióticos nos animais. Estas bactérias resistentes podem propagar-se dos animais para os seres humanos através da cadeia alimentar. Podem também transferir os seus genes de resistência aos antibióticos para bactérias patogénicas humanas, levando ao fracasso do tratamento com antibióticos para algumas doenças humanas, possivelmente potencialmente fatais. Para auxiliar a tomada de decisões regulamentares, é necessário determinar o risco real para a saúde humana decorrente da utilização de antibióticos em animais (avaliação do risco) e determinar os requisitos para a minimização do risco (gestão do risco e comunicação do risco). Propomos um novo método de análise de riscos que envolve a avaliação de riscos para três perigos inter-relacionados: o antibiótico (agente químico), a bactéria resistente aos antibióticos (agente microbiológico) e o gene de resistência aos antibióticos (agente genético). A minimização do risco pode então incluir o controlo da utilização de antibióticos e/ou a redução da propagação da infeção bacteriana e/ou a prevenção da transferência de determinantes de resistência entre populações bacterianas. A análise molecular dos genes de resistência aos antibióticos, plasmídeos e transposões demonstrou que se encontram elementos idênticos nos animais e nos seres humanos. O fenómeno aplica-se a bactérias patogénicas (por exemplo, de origem alimentar), oportunistas e comensais: a utilização de antibióticos em medicina veterinária, à semelhança da sua utilização na agricultura e na aquicultura, selecciona bactérias resistentes. Estas bactérias são libertadas no ambiente, onde podem ser facilmente demonstradas, nas fezes dos animais. Produtos alimentares específicos, água e contacto direto podem disseminar estas bactérias das microflores animais para as micoflores humanas. A eliminação de determinantes de resistência destas microflora é lenta, particularmente se não houver um reservatório de bactérias susceptíveis disponível para recolonizar o animal hospedeiro. Uma questão a ser respondida é se as bactérias comensais dos alimentos podem ou não transferir os seus genes de resistência para a microflora humana indígena durante o trânsito intestinal. Recomenda-se a utilização prudente de antibióticos, que deve ser prosseguida até que se disponha de estatísticas exactas sobre a contribuição quantitativa da medicina veterinária e da agricultura para o pesadelo da resistência aos antibióticos.

Várias estratégias para conter a resistência antimicrobiana

Incluem a vigilância, o controlo das infecções hospitalares, a promoção da utilização racional de antibacterianos, o desenvolvimento de diagnósticos rápidos, vacinas e novos medicamentos baseados nos nossos novos conhecimentos sobre os genomas humanos e bacterianos. Estima-se que dois terços da produção mundial de antibióticos sejam utilizados na criação de animais para fins não terapêuticos de promoção do crescimento. A utilização excessiva de antibióticos selecciona os agentes patogénicos zoonóticos resistentes aos medicamentos. Os seres humanos ficam expostos a eles através da carne, dos legumes e da água contaminada por resíduos animais.

Sistema de vigilância e controlo da segurança dos alimentos para prevenir a presença de resíduos de antibióticos nos produtos alimentares: Recomendação para um Sistema de Vigilância e Monitorização da Segurança Alimentar para a Índia O objetivo do sistema de vigilância e monitorização da segurança alimentar é garantir que os alimentos fornecidos no mercado são seguros. Na ausência de um sistema eficaz, o consumidor pode ser exposto a contaminantes químicos e microbiológicos, causando uma variedade de doenças de origem alimentar provocadas por agentes como bolores, leveduras, *E. coli*, coliformes, salmonelas, *Stephylococus aureus*, *Vibrio cholera*, etc., e contaminantes químicos como resíduos de pesticidas, metais pesados, aflatoxinas, etc. A eficácia do sistema de segurança alimentar pode ser avaliada pela frequência e extensão de tais doenças. Na ausência dos dados necessários, não é possível avaliar o estado atual e a dimensão do problema. O programa de controlo dos contaminantes alimentares exige a realização de testes regulares aos alimentos/produtos identificados e aos contaminantes ao longo da cadeia alimentar e com base numa classificação dos riscos. Este controlo deve ser efectuado sob a responsabilidade da Autoridade para a Segurança dos Alimentos.

É essencial tomar medidas para uma vigilância regular das doenças transmitidas pelos alimentos e um controlo do nível de contaminantes (químicos, microbiológicos, ambientais, etc.) nos alimentos, a fim de fornecer a base para medidas sólidas de segurança alimentar.

Há duas formas de o fazer:

Em primeiro lugar, pode ser criado um mecanismo à escala real no âmbito da Autoridade Alimentar. Em segundo lugar, a Autoridade Alimentar pode identificar Centros de Excelência com competências em diferentes domínios, por exemplo, ITRC para dados toxicológicos, NIN para micronutrientes e macronutrientes, IARI para produtos químicos agrícolas, CFTRI para aditivos alimentares, NEERI / CPCB para contaminantes da água e do ambiente, Instituto Nacional da

Cólera e das Doenças Entéricas / Instituto Nacional de Higiene e Saúde Pública para contaminantes microbiológicos. No entanto, não existem dados exaustivos sobre os regimes alimentares e a informação proveniente de diferentes instituições deve ser coordenada por bio-estatísticos.

LEI SOBRE SEGURANÇA E NORMAS ALIMENTARES, 2006

(1) Nenhum artigo alimentar pode conter resíduos de insecticidas ou pesticidas, resíduos de medicamentos veterinários, resíduos de antibióticos, resíduos de solventes, substâncias farmacologicamente activas e contagens microbiológicas que excedam os limites de tolerância especificados nos regulamentos.

(2) Nenhum inseticida deve ser utilizado diretamente em artigos alimentares, exceto os fumigantes registados e aprovados ao abrigo da Lei dos Insecticidas de 1968.

Explicação:

(1) "Resíduo de pesticida", qualquer substância específica presente num género alimentício resultante da utilização de um pesticida e inclui quaisquer derivados de um pesticida, tais como produtos de conversão, metabolitos, produtos de reação e impurezas considerados significativos do ponto de vista toxicológico, bem como os resíduos provenientes do ambiente que entrem nos géneros alimentícios;

(2) Os "resíduos de medicamentos veterinários" incluem os compostos parentais ou os seus metabolitos, ou ambos, em qualquer porção comestível de qualquer produto animal e incluem os resíduos de impurezas associadas ao medicamento veterinário em causa.

Antecedentes A segurança dos alimentos e da água é um requisito da organização de vigilância da saúde pública: A segurança refere-se a todos os perigos que tornam os alimentos prejudiciais para a saúde. Estes perigos resultam de práticas agrícolas inadequadas, de uma higiene deficiente em todas as fases da cadeia alimentar, da falta de controlos preventivos nas operações de transformação dos alimentos, da utilização incorrecta de produtos químicos, de factores de produção contaminados ou de um armazenamento e manuseamento inadequados. As preocupações específicas sobre os riscos alimentares são os contaminantes químicos e microbiológicos, as toxinas biológicas, os resíduos de pesticidas, os resíduos de medicamentos veterinários e os alergénios. É importante que o Sistema Nacional de Controlo Alimentar seja tal que o consumidor esteja protegido contra alimentos inseguros.

Até agora, a Lei de Prevenção da Adulteração Alimentar prescrevia normas alimentares e estabelecia também um sistema de inspeção para os produtos comercializados. Mas não procurava identificar e prevenir as fontes de contaminantes. Com o alongamento da cadeia alimentar, a rápida evolução das tecnologias e uma maior sensibilização dos consumidores, tornou-se necessário modernizar o sistema de controlo alimentar. O Sistema Nacional de Controlo

Alimentar, portanto, deve ser eficaz e abrangente, com leis e regulamentos alimentares baseados na ciência e uma estrutura institucional que seja ativa e responda às necessidades da gestão da segurança alimentar. As autoridades centrais, estatais e locais têm papéis complementares e interdependentes na aplicação do sistema nacional de segurança dos alimentos, com o objetivo último de proteger o consumidor. Em particular, o sistema deve:- assegurar que apenas são comercializados alimentos seguros e saudáveis- tomar decisões com base em dados científicos- conferir poderes às autoridades para detetar fontes de contaminação e tomar as medidas necessárias para impedir que os alimentos contaminados cheguem ao consumidor- impor o cumprimento da legislação por parte dos agricultores, fabricantes, distribuidores, importadores e outras partes interessadas- ser transparente e promover a confiança do público Até agora, a Lei de Prevenção da Adulteração de Alimentos oferecia alguma segurança aos artigos alimentares. No entanto, a lei não previa uma abordagem holística para garantir a segurança alimentar. Reconhecendo a necessidade de modernizar o sistema de controlo alimentar, o Parlamento aprovou a Lei de Segurança e Normas Alimentares de 2005. Esta lei reúne diferentes actos legislativos relativos à segurança dos alimentos e ao seu controlo no âmbito de uma única lei e de uma única autoridade.

Os níveis máximos de resíduos para os perigos químicos nos alimentos são geralmente considerados como instrumentos de controlo e não como normas de saúde. Deve ser entendido que a monitorização ou vigilância de contaminantes nos alimentos e na água é um pré-requisito para monitorizar os riscos na população. Atualmente, não existem programas regulares de monitorização de contaminantes no abastecimento alimentar no país.

O Ministério da Saúde e do Bem-Estar Familiar e o Ministério da Agricultura, Governo da Índia, conduziram programas de controlo ocasionais para avaliar os resíduos de pesticidas, os metais pesados e o estado das aflatoxinas nos produtos agrícolas, no leite e nos produtos marinhos. É possível efetuar uma avaliação da ingestão provável de contaminantes com base na ingestão diária de ingredientes alimentares e no teor de contaminantes nesses ingredientes pelas pessoas expostas. Com base nesta análise preliminar, foi proibida a utilização de vários pesticidas na agricultura e na armazenagem. No entanto, este esforço não foi suficiente para fornecer uma imagem completa da situação do país, nem constitui uma base suficiente para o governo adotar medidas sólidas e duradouras para evitar que os contaminantes dos alimentos cheguem ao consumidor. Também não está em conformidade com os requisitos internacionais.

É necessário desenvolver um programa nacional abrangente e bem concebido de monitorização dos contaminantes alimentares que tenha em conta as prioridades do país em matéria de segurança alimentar, bem como as características geográficas, agroclimáticas e populacionais. Como ponto de partida, é necessário que os dados atualmente disponíveis em instituições de investigação como o NIN, o CFTRI, o ITRC, o ICMR, o ICAR, etc., sejam reunidos, após um exame adequado, para formar uma base de dados inicial que possa ser enriquecida com resultados de inquéritos posteriores. Esta informação pode ser útil para sugerir decisões com base científica no que diz respeito aos limites para os contaminantes, aos limiares, etc., ou para iniciar acções em qualquer ponto da cadeia alimentar que actue como fonte de contaminação dos alimentos. No entanto, é importante para a autoridade de controlo alimentar que sejam recolhidas regularmente informações (base de dados) sobre o tipo, a(s) fonte(s) e a extensão dos contaminantes, etc., para utilização pelo Comité Científico na avaliação dos riscos para a segurança dos alimentos. Igualmente críticos para o desenvolvimento de decisões com base científica adaptadas ao contexto indiano são os dados relativos ao consumo de alimentos, que devem ter em conta o contexto nacional e regional da população.

Tratar ou não tratar? O papel dos veterinários:

Os antibióticos e as hormonas são remédios importantes na reprodução animal. Os animais doentes devem ser tratados tanto do ponto de vista do bem-estar animal como para restaurar a sua capacidade de produção. O tratamento deve basear-se num diagnóstico exato. Alguns dos métodos de tratamento utilizados na reprodução animal não parecem estar bem documentados. Quando se utilizam antibióticos, deve saber-se que está presente um agente infecioso suscetível de ser tratado. A utilização de hormonas e antibióticos para resolver ou mascarar problemas de gestão deve ser evitada. Idealmente, as características de fertilidade e de saúde devem ser incluídas num programa de reprodução. Por conseguinte, todos os diagnósticos e tratamentos efectuados devem ser registados e esses dados devem ser disponibilizados para fins de reprodução. A utilização incorrecta de antibióticos, tanto por agricultores como por veterinários, para além de provocar resíduos nos tecidos comestíveis, está também a contribuir para o desenvolvimento de resistência microbiana aos medicamentos e para a propagação de bactérias resistentes, incluindo as que têm graves consequências para a saúde pública. Os casos de utilização inadequada de preparações farmacêuticas criaram um ceticismo geral entre as pessoas relativamente à utilização de hormonas e antibióticos na agricultura moderna. A evidência de uma resistência crescente aos antibióticos em bactérias que infectam os seres humanos centrou-se no papel que a utilização de medicamentos antimicrobianos em animais destinados à produção de alimentos desempenha no aparecimento de bactérias resistentes. Existe também uma preocupação relativamente a possíveis resíduos nos produtos de origem animal. Além disso, os consumidores têm um interesse crescente nas questões de saúde e bem-estar dos animais e têm preocupações éticas relativamente à utilização de hormonas e antibióticos, em particular, como potenciadores de desempenho. Embora a utilização correcta de hormonas e antibióticos não tenha qualquer efeito negativo conhecido sobre o bem-estar dos animais ou a saúde pública, as preocupações dos consumidores têm de ser tidas em conta na produção animal e os veterinários têm um papel importante a desempenhar nesse domínio.

Ao argumentar contra os resíduos de medicamentos nos países em desenvolvimento, os riscos colocados pelos resíduos devem ser contrabalançados com a ameaça da subnutrição proteica. No entanto, a consideração deve ser no sentido de uma utilização correcta e controlada dos medicamentos e de produtos alimentares para animais mais seguros. Um primeiro passo importante é a observância do período de retirada dos medicamentos, seguido de uma educação sistemática dos agricultores e de uma supervisão veterinária regular. Os veterinários deveriam promover opções de gestão alternativas, como a vacinação, que poderiam reduzir a frequência da utilização de medicamentos antimicrobianos nas aves de capoeira, a ocorrência de resíduos de medicamentos e a propagação de bactérias resistentes aos medicamentos.

Métodos de determinação:

A disponibilidade de metodologias de rastreio facilita o controlo de fármacos químicos e veterinários em alimentos de origem animal, reduzindo o número de amostras a confirmar através de análises de confirmação fastidiosas e dispendiosas. Novos desenvolvimentos recentes, já disponíveis no mercado, serão provavelmente implementados por rotina nos próximos anos, aumentando o número de amostras rastreadas com elevada sensibilidade. As melhorias nas metodologias de rastreio e a sua implementação contribuirão para uma melhor garantia de segurança dos alimentos de origem animal.

Existem diferentes técnicas disponíveis para a despistagem de resíduos em alimentos para animais, como se mostra em geral, os limites de deteção dependerão da extração e limpeza prévias da amostra. Os métodos imunológicos consistem principalmente em kits de teste ELISA. Existem muitos kits disponíveis no mercado. Outros métodos imunológicos baseiam-se em radioimunoensaio e, mais recentemente, estão disponíveis no mercado vários métodos que utilizam biossensores. Os métodos cromatográficos consistem principalmente em dois tipos, HPTLC e HPLC, acoplados a diferentes sistemas de deteção. A terceira categoria de testes inclui os testes de inibição microbiológica.

Principais requisitos para uma metodologia de rastreio:

- Fácil de utilizar
- Baixos custos de instalação
- Elevado rendimento
- Tempo reduzido e baixos custos de funcionamento para resultados
- Sensibilidade (não se perdem resultados positivos)
- Especificidade (número mínimo de falsos positivos)
- Repetibilidade

As principais técnicas disponíveis para o rastreio incluem:

Métodos imunológicos	Métodos cromatográficos
Kits de teste ELISA	Cromatografia em camada fina de alto desempenho

	(HPTLC)
Radioimunoensaio	Cromatografia líquida de alta eficiência (HPLC)
Biossensores Multiarray	

Testes de inibição microbiológica:

Foram descritos vários testes de despistagem microbiológica experimentais e comerciais, isoladamente ou em conjunto com outros métodos físico-químicos e imunológicos. Estes testes são mais adequados para fins regulamentares e proporcionam uma maior exatidão na avaliação do nível de contaminação dos produtos de aves de capoeira com resíduos de medicamentos veterinários.

Alguns exemplos de testes de inibição microbiana incluem

a) O teste de antibióticos Nouws (NAT-Screening) baseia-se na análise do fluido da pélvis renal e inclui cinco placas de teste que permitem a identificação específica do grupo. O rastreio NAT combina uma estratégia simples e eficiente de amostragem e de processamento de amostras com uma elevada capacidade de deteção; o sistema detecta eficazmente a grande maioria dos antibióticos utilizados em medicina veterinária a um nível igual ou inferior ao seu limite máximo de resíduos nos rins. O rastreio NAT é capaz de identificar eficazmente praticamente todas as amostras potencialmente não conformes. Trata-se de um novo método de rastreio microbiano para a deteção de resíduos antimicrobianos em animais abatidos.

b) Deteção de agentes antimicrobianos por um método microbiológico específico (Eclipse100®) para o leite de ovelha:

O objetivo deste trabalho foi avaliar o método microbiológico específico para o leite de ovelha (Eclipse 100®) através do estudo dos resultados "falsos positivos" (especificidade), do efeito do conservante acidiol na especificidade e do cálculo dos limites de deteção em comparação com os LMR. O procedimento de teste do inibidor microbiológico para a deteção de resíduos de medicamentos no leite baseia-se na inibição do crescimento de esporos de organismos como *B.* stearothermophilusvar *calidolactis*. O crescimento dos microrganismos é evidenciado pela mudança de cor do indicador ácido-base presente no meio de cultura.

Os limites de deteção de resíduos de tetraciclinas calculados para o Eclipse 100® no leite de ovelha foram de 290 _g/kg de doxiciclina, 420 _g/kg de oxitetraciclina e 450 _g/kg de tetraciclina.

Conclusões:

A especificidade do método Eclipse 100® no leite de ovelha foi mais elevada nas amostras de leite sem conservantes (0,99) do que nas amostras conservadas com acidiol (0,91), não tendo sido determinados casos de resultados "falsos positivos". É necessário utilizar amostras sem conservantes se o

O método microbiológico Eclipse 100® é utilizado para a deteção de inibidores no leite de ovelha.

c) Identificação presuntiva de resíduos de sulfonamidas e antibióticos no leite através de testes de inibidores microbianos

É descrito um procedimento microbiano para a identificação presuntiva de alguns resíduos de antibióticos e sulfonamidas no leite. Os resíduos de penicilinas, cefalosporinas, sulfonamidas e estreptomicina são testados utilizando três meios de ágar diferentes e dois microrganismos. A identificação é conseguida através da inclusão no meio de quatro substâncias diferentes para inverter a ação normal dos antibióticos e sulfonamidas em investigação.

A disponibilidade de métodos mais sensíveis torna agora possível um controlo mais realista; os requisitos de tolerância zero (ou seja, "zero analítico") para todos os inibidores foram ultrapassados pela introdução de limites máximos de resíduos específicos.

Esta estratégia permite um primeiro ensaio qualitativo (rastreio) para assinalar as amostras positivas para a presença de um genérico, uma ideia sobre a família do medicamento (pós-rastreio) e, finalmente, confirmar e quantificar a molécula específica por HPLC-DAD e GUMS.

Os métodos microbianos são específicos e de largo espetro; por conseguinte, podem ser utilizados de forma útil para reconhecer as amostras positivas.

Conclusões:

Numa técnica de difusão em ágar, a presença de substâncias que inibem o crescimento do microrganismo é indicada por uma zona de inibição em forma de halo à volta da amostra. Em geral, a largura do halo depende, pelo menos em parte, da concentração e do tipo de inibidor no alimento.

A ausência de inibidores ou a sua presença em concentrações inferiores aos respectivos níveis de deteção não produz qualquer zona de inibição. Para cada sistema de ensaio, a presença de uma zona de inibição indica a presença, isolada ou combinada, da(s) substância(s) identificável(eis) no sistema considerado. Graças à neutralização completa das moléculas descritas, a redução, e não o desaparecimento, da zona de inibição do halo pode ser explicada pela presença da molécula neutralizável nesse sistema, combinada com outro inibidor. Esta identificação microbiana tem apenas um valor presuntivo, uma vez que a confirmação e quantificação definitivas utilizando um método químico são necessárias antes de se poder tomar qualquer ação regulamentar. A simplicidade da reação de reversão deve estimular novas investigações sobre diferentes substâncias inibidoras a utilizar na identificação de outros resíduos.

d) Utilização de medicamentos veterinários em explorações avícolas e determinação de resíduos de medicamentos antimicrobianos em ovos comerciais e frangos abatidos:

Os ovos comerciais e os pedaços de galinha abatidos foram examinados quanto à presença de resíduos de medicamentos antibacterianos utilizando um teste de inibição microbiana por difusão em disco. Os fármacos administrados às aves por via oral ou parentérica podem ser encontrados nos tecidos, em especial quando as aves são abatidas sem a observância do intervalo de segurança, ou quando os ovos são colhidos dentro do intervalo de segurança do fármaco. Os métodos microbiológicos para a análise de resíduos têm geralmente baixa sensibilidade e especificidade. No entanto, a sua simplicidade torna-os adequados para efeitos de despistagem. O *Bacillus cereus* ATCC 11778 foi utilizado para testar ovos comerciais. *O Bacillus cereus* ATCC 11778 foi utilizado para a despistagem dos ovos devido à sua maior sensibilidade aos OTC. *Micrococcus luteus* ATCC9341 foi utilizado como organismo de teste para a análise das fezes de galinha. *O Micrococcus luteus* tem uma gama de sensibilidade mais ampla aos medicamentos antibacterianos, em especial às penicilinas, às sulfonamidas e aos aminoglicosídeos, que são medicamentos habitualmente utilizados por via oral nas galinhas.

Técnicas imunológicas

A reação antigénio-anticorpo tem sido utilizada há muitos anos para detetar uma grande variedade de constituintes dos alimentos, incluindo substâncias responsáveis por adulterações e contaminações. A interação antigénio-anticorpo é muito específica e útil para a deteção de resíduos de medicamentos químicos e veterinários em alimentos para animais. A técnica mais comum consiste no ensaio de imunoabsorção enzimática (ELISA) e o sistema de deteção é geralmente baseado em reagentes marcados com enzimas. Outras técnicas incluem o radioimunoensaio e os biossensores multiarray.

ELISA

Os tipos utilizados na amostragem de amostras de alimentos incluem

- anticorpo duplo ou ELISA em sanduíche
- ELISA competitivo direto

<u>O radioimunoensaio (RIA)</u> implica a medição da radioatividade do complexo imunológico utilizando um contador. Outras possibilidades incluem a medição da quimiluminiscência com um luminómetro quando um composto quimiluminiscente está ligado ao anticorpo ou da fluorescência com um fluorímetro quando é utilizado um composto fluorescente. Estas possibilidades permitem uma maior detetabilidade em relação à colorimetria convencional.

<u>Kits imunológicos:</u>

Estes kits oferecem vantagens importantes, como o grande número de amostras a analisar por kit, a rapidez de funcionamento e a sua elevada especificidade e sensibilidade em comparação com os métodos de deteção convencionais. Outra vantagem é a possibilidade de utilizar o kit nas instalações de transformação de alimentos sem necessidade de transportar a amostra para o laboratório. Muitas empresas de diagnóstico comercializaram kits de teste ELISA para a deteção de tais resíduos. Assim, estão disponíveis kits ELISA para um grande número de substâncias dentro de cada grupo, como b-agonistas, corticóides, esteróides, estilbenos, lactonas do ácido resorcílico e vários antibióticos. Prossegue a investigação para o desenvolvimento de novos testes ELISA para outras substâncias, como os sedativos e o β-bloqueador carazolol. No que diz respeito aos antibióticos, os kits ELISA demonstraram um bom desempenho na análise de resíduos de antibióticos como a tilosina e a tetraciclina na água, na carne e no peixe, o cloranfenicol no leite e na carne, os nitroimidazóis nos ovos e nas galinhas, a gentamicina no leite, a diidroestreptomicina e a colistina no leite, a bacitracina, a espiramicina, a tilosina, o olaquindox e a virgiamicina nos alimentos para animais. Em geral, estes métodos requerem algum tempo de operação manual para a adição da amostra, incubação, lavagem e eliminação de líquidos, reagentes para o desenvolvimento da cor, etc. Este facto levou ao desenvolvimento de testes ELISA automatizados por algumas empresas.

Vantagens dos kits ELISA:

- Fácil de utilizar

- Kits disponíveis para um bom número de compostos específicos (por exemplo, clenbuterol, zeranol, etc.)
- Disponibilidade de kits para famílias de compostos (ou seja, agonistas, estilbenos, sulfonamidas, etc.)
- Grande número de amostras (42) por kit para um único analito
- Tempo reduzido (poucas horas) para obter os resultados: cerca de 2-2,5 h para a maioria dos kits
- Alta sensibilidade
- Elevada especificidade
- Possibilidade de utilização nas instalações de transformação de alimentos

Biossensores:

Os biossensores estão a ter aplicações alargadas na análise de alimentos. Em geral, são constituídos por vários elementos. O analito alvo entra em contacto com o recetor biológico (anticorpo) e o sinal bioquímico é convertido por um transdutor num sinal eletrónico. Em seguida, estes sinais são processados por um microprocessador que fornece o resultado final. A construção de biossensores requer um bom conhecimento dos princípios básicos das reacções imunoquímicas, das vias de amplificação do sinal com base no recetor e do comportamento interfacial dos biocompostos na superfície do transdutor artificial. Os biossensores são concebidos para funcionarem em tempo real e serem capazes de detetar simultaneamente resíduos de medicamentos veterinários únicos ou múltiplos numa amostra de cada vez. Alguns autores referem que não é necessário efetuar a limpeza da amostra. A análise da interação biomolecular baseia-se na ressonância plasmónica de superfície, que mede as variações do índice de refração da solução próxima do sensor quando há alterações na concentração em massa das moléculas nessa solução.

O resíduo alvo é imobilizado covalentemente na superfície do chip sensor. Esta tecnologia é aplicada pela Biacore AB (Uppsala, Suécia) para analisar diferentes resíduos de medicamentos veterinários. Algumas aplicações recentes incluem a progesterona no leite e a tilosina no mel. Outros biossensores baseiam-se na utilização de matrizes de biochip que permitem uma monitorização em tempo real da interação entre a molécula de reconhecimento e a substância a analisar. O sinal de reconhecimento é convertido num sinal quantificável. Esta tecnologia é aplicada pela Randox Laboratories Ltd (Antrim, Reino Unido). No entanto, o número de resíduos prontos a utilizar numa matriz é ainda comercialmente limitado. Vários factores, como a densidade do ligando na superfície do sensor, a concentração do anticorpo ativo e o caudal do biossensor, afectam o desempenho do ensaio. Os biossensores enzimáticos utilizam uma enzima específica para a captura e produção catalítica do produto. Por exemplo, a penicilina V e G pode ser detectada com penicilinase imobilizada numa superfície, uma membrana ou vidro poroso, que produz ácido peniciloico e, consequentemente, uma redução do pH e uma diminuição da intensidade de fluorescência do corante ou um aumento da condutividade eléctrica. Outros tipos de biossensores baseiam-se em proteínas de sensores de antibióticos que são sensíveis a classes específicas de antibióticos. Estes sensores são de elevado rendimento e compatíveis com o formato do tipo ELISA. A proteína do biossensor está quimicamente ligada à superfície sólida do poço de uma placa de microtítulo que, na ausência de antibiótico, permanece ligada à sequência do operador e, após deteção por anticorpos e acoplamento à peroxidase, produz uma leitura a cores. No entanto, o biossensor é incapaz de se ligar ao operador quando o antibiótico está presente e, dependendo da sua quantidade, este operador perde-se mais ou menos nas etapas de lavagem. A perda de cor dá uma leitura que é proporcional à concentração de antibiótico. Estes sensores demonstraram uma deteção bem sucedida de tetraciclina, estreptogramina e antibióticos macrólidos a concentrações de nanogramas por mililitro no leite e no soro.

Vantagens dos biossensores:

- Fácil de utilizar
- Resultados disponíveis num curto espaço de tempo
- Múltiplos resíduos analisados de uma só vez (até chips numa matriz)
- Automatização total: maior produtividade
- Técnica de elevado rendimento: até 120 amostras por hora e matriz

Técnicas cromatográficas

A cromatografia em camada fina de alto desempenho (HPTLC) tem sido aplicada com sucesso para a deteção qualitativa e quantitativa de multi-resíduos em amostras de alimentos, embora a sua utilização tenha diminuído rapidamente durante a última década. A visualização dos componentes pode ser efectuada por pulverização de um reagente cromogénico adequado ou sob luz UV. A determinação quantitativa é possível através da intensidade relativa da mancha na placa, que é medida em comparação com a do padrão interno por densitometria de varrimento. Desenvolvimentos recentes permitem a automatização de uma forma semelhante à HPLC com o equipamento adequado. A HPTLC tem sido aplicada a diferentes resíduos, como fármacos tireostáticos, clenbuterol e outros agonistas, nitroimidazol e sulfonamidas em tecidos animais. Foi também aplicada à análise de corticosteróides e antibióticos no leite. As manchas podem ser Uma variante, designada por bioautografia TLC, consiste na combinação da cromatografia em camada fina com a deteção microbiológica diretamente na placa, o que resulta numa maior sensibilidade. Foi aplicada à deteção de flumequina no leite.

Cromatografia líquida de alta eficiência (HPLC)

A sua utilização expandiu-se durante a década de 1990 e a disponibilidade de automatização facilitou de alguma forma a sua utilização como técnica de rastreio. A HPLC é uma técnica de separação e a sua capacidade para detetar compostos depende do tipo de detetor utilizado. A escolha do sistema de deteção é muito importante para a seletividade e a sensibilidade. Algumas substâncias a analisar não detectadas por absorvância, índice de refração ou fluorescência podem necessitar de modificações químicas para se tornarem compostos cromóforos, fluorescentes ou absorventes de UV. Normalmente, a deteção de resíduos múltiplos baseia-se numa extração em fase sólida, seguida de filtração e injeção numa HPLC de fase inversa com deteção por um conjunto de díodos UV. Tem sido aplicada na deteção de antibióticos na carne, nos rins e no leite, de medicamentos veterinários nos ovos, no leite, no peixe e na carne, de metiltiouracilos, de esteróides anabolizantes em suplementos nutricionais e na urina e de corticosteróides como a dexametasona na água, nos alimentos para animais e na carne.

Um bom número de substâncias com propriedades anabolizantes, que podem ser consideradas como promotores de crescimento, foram separadas e identificadas com êxito para efeitos de rastreio na urina. A HPLC com deteção de fluorescência foi também utilizada para a determinação simultânea de 10 resíduos de quinolonas antibacterianas em tecidos de animais de várias espécies.

A HPLC está a ser cada vez mais utilizada nos laboratórios de controlo devido à possibilidade de analisar simultaneamente vários resíduos numa amostra em tempo relativamente curto. Os recentes desenvolvimentos da HPLC de alta velocidade podem reduzir o tempo de tratamento e análise das amostras. Além disso, esta tecnologia é totalmente automatizada (injeção, eluição, lavagem da coluna, deteção) e controlada por computador, o que facilita a sua utilização como técnica de rastreio. O passo seguinte ao rastreio inicial com HPLC é a injeção das amostras presumivelmente positivas num sistema que combina HPLC com deteção por espetrometria de massa. Neste sentido, o acoplamento de HPLC de alta velocidade com MS-MS pode reduzir substancialmente o tempo de análise. Foi proposta a utilização de HPLC-ionização por electrospray (ESI) e espetrometria de massa em tandem como técnica de rastreio-confirmação simultânea.

Outros autores utilizaram a cromatografia líquida-espetrometria de massa com ionização química à pressão atmosférica (APCI) para a análise. Ambas as técnicas de ionização facilitam a análise de moléculas pequenas a relativamente grandes e hidrofóbicas a hidrofílicas, pelo que são muito adequadas para a análise de resíduos de medicamentos veterinários. Foi referido que ambas as técnicas apresentam efeitos de matriz, sendo a ESI mais suscetível do que a APCI. Foi também proposta uma outra metodologia baseada na aplicação da RMN1 como técnica de rastreio para a análise de cocktails de esteróides e formulações de medicamentos veterinários administrados a animais.

Principais vantagens e desvantagens da HPLC:

Vantagens	Desvantagens
Pouco tempo (alguns minutos/amostra) para obter os resultados	Conhecimentos especializados necessários
Sensível	Necessidade de preparação da amostra (extração e filtração, adição de padrão interno, etc.)
Especificidade dependente do detetor	Investimento inicial elevado (equipamento)
A automatização conduz a uma maior produtividade	Custo da coluna
Possibilidade de obter mais informações a partir dos espectros quando se utiliza um detetor de díodos	

* HPLC - um estudo de caso

a) Análise da oxitetraciclina residual no leite fresco utilizando uma coluna de fase reversa polimérica:

Foi desenvolvido e aplicado um método simples e rápido de cromatografia líquida de alta resolução (HPLC) de fase inversa para a análise de oxitetraciclina (OTC) na determinação do antibiótico em amostras de leite fresco (a OMS recomenda um nível máximo permitido de 100 ng/mL para a oxitetraciclina).O estudo descreve um procedimento simples para a determinação por PLRP-LC de OTC residual no leite com uma extração simples e robusta baseada na desproteinização e centrifugação e a deteção é efectuada utilizando um detetor de UV vulgar, que está mais disponível e é mais acessível para os países em desenvolvimento do que o detetor de matriz de fotodíodos, mais dispendioso. Limite de deteção (LOD) e quantificação (LOQ): Considera-se que o limite de deteção é a quantidade que produz uma resposta do detetor aproximadamente igual a três vezes o ruído de fundo. Assim, a quantidade mínima detetável foi considerada como sendo 40 ng/mL. O limite de quantificação, que é a quantidade mais baixa que pode ser analisada com precisão e exatidão aceitáveis, foi considerado como sendo 100 ng/mL.

Conclusões:

O presente método, baseado na fase reversa de polímeros, permitiu uma boa separação de OTC sem necessidade de reagentes de emparelhamento iónico. É simples, exato e sensível, com boa robustez. *O procedimento de extração descrito é simples e económico, sendo adequado para aplicação em laboratórios com recursos limitados nos países em desenvolvimento.*

b) <u>Determinação da dapsona na carne e no leite por cromatografia líquida com espetrometria de massa em tandem:</u>

Pouco se sabe sobre a determinação da dapsona em produtos alimentares e foram publicados muito poucos métodos. Hela et al. desenvolveram um procedimento para a determinação de dapsona e sulfonamidas em músculo, fígado e rim utilizando a cromatografia líquida de alta resolução com detetor de díodos (HPLC-DAD). Foram desenvolvidos outros dois métodos para a determinação de sulfonamidas e dapsona no leite, um por cromatografia líquida com espetrometria de massa em tandem (LC-MS/MS) e o outro por cromatografia líquida de alta resolução com detetor ultravioleta-visível (HPLC-UV-vis).

Conclusões:

Foi desenvolvido um método para a determinação da dapsona na carne e no leite, baseado na cromatografia líquida com espetrometria de massa em tandem por electrospray positivo. Um protocolo simples de preparação da amostra, incluindo a extração em fase sólida e a adição de um padrão interno, conduziu a um método sensível e robusto. Os limites de confirmação alcançados provaram a eficiência desta metodologia para o controlo de níveis vestigiais desta substância na carne e no leite.

c) <u>Determinação de resíduos de medicamentos veterinários por cromatografia líquida e espetrometria de massa em tandem:</u>

Descreve os princípios, a tecnologia atual e as aplicações da HPLC e da espetrometria de massa em tandem (LC-MS-MS) na análise de resíduos de medicamentos veterinários. Desde o desenvolvimento de interfaces comerciais de pressão atmosférica, capazes de acoplar a HPLC ao espetrómetro de massa, a LC-MS-MS tornou-se amplamente utilizada como técnica complementar da GC-MS na análise de resíduos, devido à sua aplicabilidade à determinação de compostos polares e/ou não voláteis sem derivatização. Esta técnica inclui electrospray e ionização química à pressão atmosférica.

O desenvolvimento da ionização à pressão atmosférica (API) como técnica de interface comercial, associada à cromatografia líquida de alta eficiência e à espetrometria de massa em tandem (LC-MS-MS), abriu uma nova era na análise qualitativa e quantitativa de resíduos de medicamentos veterinários. A API, que inclui ionização por electrospray (ESI) e ionização química à pressão atmosférica (APCI), complementa a tecnologia clássica GC-MS e permite a determinação de compostos com massas moleculares elevadas e substâncias não voláteis sem recurso a derivatização. Esta técnica, baseada nas tecnologias do espetrómetro de massa de quadrupolo triplo e da armadilha de iões, tornou-se acessível e económica para os laboratórios de controlo de resíduos nos últimos 10 anos.

d) Desenvolvimento de um protocolo analítico para a deteção de resíduos de antibióticos em vários alimentos:

As amostras de carne foram analisadas quanto à presença de resíduos de antibióticos através de um ensaio microbiano e de cromatografia líquida de alta resolução (HPLC).

As concentrações de antibióticos das amostras foram analisadas por HPLC com deteção por UV e fluorescência. O método oficial de cromatografia líquida (LC) para determinar as concentrações de antibióticos, tal como prescrito pelas farmacopeias da Europa e dos Estados Unidos, baseou-se no trabalho de Paesen, Roets e Hoogmartens (1991). Utilizando novos materiais de fase estacionária para cromatografia de fase inversa, foi desenvolvido um método de LC com gradiente por Govaerts, Chepkwony, Van Schepdael, Roets e Hoogmartens (2000). Mais tarde, Chepkwony, Dehouck, Roets e Hoogmartens (2000) desenvolveram um método de LC isocrático em XTerraTM RP18, que separa mais picos não identificados de substâncias relacionadas conhecidas. Embora os métodos de LC tenham sido amplamente utilizados para antibióticos individuais, um protocolo para rastrear e determinar resíduos de antibióticos em alimentos tem sido pouco relatado.

Com a HPLC, a medição do nível de resíduos de antibióticos nos alimentos pode ser um trabalho moroso e trabalhoso, uma vez que o número de amostras é muito elevado. Ao determinar os resíduos de antibióticos nos alimentos, devem ser utilizados um ou mais ensaios microbianos, para além dos métodos de HPLC. Neste estudo, para poupar tempo e trabalho, foi investigado um método analítico para medir resíduos de antibióticos em alimentos, utilizando um ensaio microbiano e HPLC. O ensaio microbiano foi implementado para pré-selecionar possíveis alimentos contendo antibióticos. Como este estudo ilustra, pode ser estabelecido um protocolo analítico para a deteção precisa e robusta de antibióticos residuais. Quando o número de amostras é abundante, por exemplo, mais de 400, um ensaio microbiano para rastreio de antibióticos deve ser efectuado antes da análise por HPLC para poupar tempo e trabalho. Embora o número de amostras rastreadas positivamente nos nossos dois ensaios microbianos fosse diferente, a utilização de um ensaio poupou tempo em comparação com um exame completo apenas por análise por HPLC. Como estudo futuro, gostaríamos de desenvolver um novo ensaio microbiano para diminuir as detecções de falsos positivos, aproveitando as vantagens dos dois ensaios actuais. Para a análise por HPLC, a atual metodologia de preparação da amostra seria modificada para proporcionar um exame mais preciso.

e) Determinação multirresíduos de tetraciclinas, sulfonamidas e cloranfenicol no leite de bovino por cromatografia líquida de alta resolução com detetor de díodos (HPLC-DAD):

Embora os métodos de rastreio rápido (ensaios imunológicos ou de inibição microbiana) sejam normalmente utilizados para detetar a presença de antimicrobianos nos alimentos, as agências reguladoras governamentais exigem métodos cromatográficos mais precisos para identificar e confirmar a presença destes compostos. O leite é consumido em todo o mundo e o seu controlo de qualidade é importante para garantir a segurança alimentar. Os métodos cromatográficos requerem procedimentos elaborados de preparação da amostra antes da quantificação, a fim de eliminar os interferentes da matriz alimentar e concentrar o analito. A extensão da preparação da amostra depende do dispositivo de deteção do sistema cromatográfico. Em alternativa, tem sido utilizada a extração líquido-líquido, combinada ou não com a extração em fase sólida e a extração em fase sólida da matriz. Foram publicados muitos métodos de cromatografia líquida para a determinação de sulfonamidas e cloranfenicol no leite. No entanto, quase todos eles visam a determinação de antimicrobianos de um único grupo. A determinação simultânea de multiresíduos de antimicrobianos de diferentes grupos foi efectuada utilizando cromatografia líquida acoplada a espetrometria de massa em tandem. O desenvolvimento e a validação de um método simples de HPLC-DAD para a determinação simultânea de multirresíduos de (oxitetraciclina (OTC), tetraciclina (TC), clortetraciclina (CTC), sulfametazina (SMZ), sulfaquinoxalina (SQX), sulfametoxazol (SMX) e cloranfenicol (CLP) no leite, que pode ser aplicado ao controlo de qualidade na análise de rotina, é o método aqui utilizado. O método, desenvolvido utilizando cromatografia líquida de alta eficiência associada à deteção por arranjo de fotodiodos, mostrou-se adequado para a determinação simultânea de multirresíduos de SMX, SQX, SMZ, OTC, TC e CTC no leite. Considerando os limites máximos de resíduos estabelecidos para estes antimicrobianos (100 ng mL_1), o valor do LOQ, bem como os restantes parâmetros de validação do método, é adequado para a monitorização dos seus resíduos no leite. No caso do CLP, que tem um LMPR de 0,3 ng mL^{-1} , o método proposto não tem detetabilidade adequada para o controlo de qualidade deste antimicrobiano no leite.

Tendências futuras no diagnóstico

Há vários problemas que surgem neste domínio, como o aumento do número de novas substâncias no "mercado negro". Todos os anos são detectadas novas substâncias com propriedades anabolizantes e utilizadas como promotores de crescimento. Um exemplo da evolução deste tipo de substâncias pode ser observado nos desportos de alta competição. Outro problema importante é uma prática alargada que consiste na mistura de quantidades reduzidas de várias substâncias, como um "cocktail" de drogas que exerce um efeito sinérgico, dando uma eficácia semelhante à utilização de uma única substância em quantidades mais elevadas e, portanto, detectáveis. Por último, o desenvolvimento de substâncias interferentes para mascarar os sistemas de deteção por imunoensaio também complica a deteção eficaz das substâncias ilegais. Para além destes problemas, os laboratórios de controlo enfrentam requisitos mais rigorosos para o desempenho dos métodos analíticos de acordo com as novas directivas. Esta situação está a criar alguns problemas aos laboratórios de controlo devido ao grande número de amostras a analisar, à grande variedade de amostras e resíduos a analisar, à necessidade de adaptar as metodologias analíticas às novas directivas com orientações rigorosas, ao aumento dos custos de desenvolvimento dessas novas metodologias, ao aumento do número de resíduos a pesquisar por amostra e à necessidade de investir em novos instrumentos potentes.

Metodologias analíticas de confirmação

O passo seguinte ao rastreio inicial consiste na identificação e confirmação inequívocas dos resíduos de medicamentos veterinários nos alimentos de origem animal. O procedimento completo e as metodologias para a análise de confirmação são dispendiosos em termos de tempo, equipamento e produtos químicos. Além disso, requerem pessoal treinado e altamente especializado. Estão disponíveis diferentes técnicas analíticas para esse efeito. Quando a substância a analisar é claramente identificada e quantificada acima do limite de decisão para uma substância proibida (ou seja, substâncias do grupo A) ou excede o limite máximo de resíduos (LMR) no caso de substâncias com LMR, a amostra é considerada não conforme (imprópria para consumo humano). A identificação é mais fácil para um número limitado de analitos-alvo e matrizes de composição constante. Alguns exemplos das metodologias de confirmação disponíveis são os seguintes: A utilização de HPLC - ionização por electrospray (ESI) espetrometria de massa em tandem ou cromatografia líquida-espetrometria de massa com ionização química à pressão atmosférica (APCI). A técnica de ionização ESI facilita a análise de moléculas pequenas a relativamente grandes e de moléculas hidrofóbicas a hidrofílicas, pelo que é muito adequada para a análise de resíduos de medicamentos veterinários, embora seja mais sensível

a efeitos de matriz do que a ionização APCI. As interfaces ESI e APCI são as fontes de eleição para promover a ionização de antibióticos e ambas se complementam bem no que respeita à polaridade e à massa molecular dos analitos. O ensaio do cloranfenicol na carne foi identificado e quantificado com êxito por cromatografia líquida/espetrometria de massa em tandem com ionização por electrospray (ESI- LC/MS/MS) no modo de iões negativos acoplado ao analisador de armadilhas de iões. A mesma técnica com ESI positivo foi aplicada com êxito à análise de quatro compostos nitrofurânicos (furazolidona, furaltadona, nitrofurantoína e nitrofurazona) na carne.

Referências

1. Salisbury J.G. et al., 2002. A risk analysis framework for the long-term management of antibiotic resistance in food-producing animals. International Journal of Antimicrobial Agents. 20:153-164

2. Um Sistema de Vigilância e Monitorização da Segurança Alimentar para a Índia (ao abrigo da Lei sobre Segurança e Normas Alimentares - 2005) preparado pelo Instituto Internacional de Ciências da Vida - Índia (março de 2007)

3. Singer R.S. et al., 2003. Antibiotic resistance - the interplay between antibiotic use in animals and human beings (Resistência aos antibióticos - a interação entre a utilização de antibióticos em animais e seres humanos). Lancet Infect Dis. 3:47-51

4. Central Drugs Standard Control Organization, Direção-Geral dos Serviços de Saúde, Ministério da Saúde e do Bem-Estar Familiar, Governo da Índia.

5. Chugh T.D. 2008. Emerging and re-merging bacterial diseases in India (Doenças bacterianas emergentes e re-fusão na Índia). Jornal de Biociências 33:549-555

6. LEI SOBRE A SEGURANÇA E AS NORMAS ALIMENTARES, 2006

7. Refsdal A.O., 2000. Tratar ou não tratar: uma utilização correcta de hormonas e antibióticos. Anim Reprod Sci. 60-61 :109-119

8. Pikkemaat M.G. et al., 2008. Um novo método de rastreio microbiano para a deteção de resíduos antimicrobianos em animais abatidos: O teste antibiótico de Nouws (despistagem NAT). Food Control. 19: 781-789

9. Kaale E. et al., 2008. Análise de oxitetraciclina residual em leite fresco utilizando uma coluna de fase reversa de polímero. Food Chemistry. 107: 1289-1293

10. Monteroa A., 2005. Deteção de agentes antimicrobianos por um método microbiológico específico (Eclipse100®) para leite de ovelha. Small Ruminant Research. 57:229-237

11. Hadjigeorgiou M., 2009. Determinação da dapsona na carne e no leite por cromatografia líquida com espetrometria de massa em tandem. Anal Chim Ata 637: 220-224

12. Balizs G.2003. Determinação de resíduos de medicamentos veterinários por cromatografia líquida e espetrometria de massa em tandem. Analytica Chimica Ata. 492: 105-131

13. Lee J.B. 2007. Desenvolvimento de um protocolo analítico para a deteção de resíduos de

antibióticos em vários alimentos. Food Chemistry. 105: 1726-1731

14. Toldra' e Reig. 2006. Methods for rapid detection of chemical and veterinary drug residues in animal Foods (Métodos para a deteção rápida de resíduos de medicamentos químicos e veterinários em alimentos para animais). Tendências em Ciência e Tecnologia Alimentar 17: 482-489

15. Mamani M.C.V. et al., 2009. Determinação multiresíduos de tetraciclinas, sulfonamidas e cloranfenicolina em leite bovino utilizando HPLC-DAD. Química Alimentar 117: 545-552

16. Aureli P. et al., 1996. Identificação presuntiva de resíduos de sulfonamidas e antibióticos no leite através de testes de inibição microbiana. Food Control. 7: 165168

17. Reig e Toldra, 2008. Resíduos de medicamentos veterinários na carne: Preocupações e métodos rápidos de deteção. Meat Science. 78:60-67

18. Kabir J. 2004. Veterinary drug use in poultry farms and determination of antimicrobial drug residues in commercial eggs and slaughtered chicken in Kaduna State, NigeriaJ. Food Control 15: 99-105

Printed by Books on Demand GmbH, Norderstedt / Germany